'T'

T b $\frac{65}{35}$.

ÉTUDE

SUR

L'ACTION DU SOLEIL

COMME CAUSE DE LA MOTILITÉ DES ANIMAUX.

65.
10 35.

ÉTUDE

SUR

L'ACTION DU SOLEIL

COMME CAUSE DE LA MOTILITÉ DES ANIMAUX.

Discours de réception de M. le Docteur Lenoël, à l'Académie d'Amiens.

(Séance du 12 Novembre 1863).

MESSIEURS ,

Lorsque le physiologiste porte les yeux sur l'ensemble des innombrables animaux qui peuplent la surface de la terre, où qui vivent dans le sein des eaux , et que, sans s'arrêter aux différences de leur conformation extérieure, il observe la manière dont la vie se manifeste chez tous ces êtres, le mouvement, qui leur appartient à tous, frappe d'abord son esprit comme étant le grand carac- tère de l'animalité. Aussi cette faculté, qu'ils ont ou n'ont pas de se mouvoir spontanément, servit-elle, dès l'origine des sciences, à établir la première distinction

entre les êtres vivants : les animaux, comme les végétaux, vivent, s'accroissent et se multiplent ; mais les uns
se meuvent et les autres restent fixés au sol qui les a
vus naître. Les progrès de la science ont bien mieux
défini les limites qui séparent ces deux règnes ; mais
le *mouvement* n'en reste pas moins le plus frappant,
sinon le plus essentiel des caractères de l'être animé.

Mais d'où vient à l'animal cette motilité ? D'où tire-t-il
cette force qui permet à l'oiseau infatigable de parcourir
des distances immenses en se soutenant par les mouvements multipliés et énergiques des ailes ? Où l'homme
prend-il ces mouvements qui, réglés et dirigés par sa
puissante intelligence, lui ont fait créer les arts, et
appliquer à l'industrie toute la nature ?

Si, il y a quelques années, on nous avait dit : Cette
force nous vient du soleil, nous aurions cru entendre un
paradoxe : pourtant, telle est la vérité, et la science,
d'accord en cela avec la voix populaire, proclame maintenant cet astre comme la source vivifiante de toute
transformation matérielle ; c'est lui qui versant conti-
nuellement la chaleur sur la terre, y verse le travail ou
le mouvement. Ce rôle actif du soleil, je vais essayer de
vous le faire voir aujourd'hui où, pour la première fois
et grâce à votre bienveillance, je prends part aux travaux
de la Société savante la plus éminente du Département,
par sa position officielle et surtout par le talent et le
savoir des hommes qui la composent. Succédant, dans la
chaire de zoologie de la ville d'Amiens, à M. Andrieu,
un de vos plus estimés collègues, j'ai cru trouver là le
motif des indulgents suffrages qui m'ont admis dans
cette Compagnie où toujours ont été représentées les
sciences naturelles. Aussi, ai-je regardé comme un
devoir de vous entretenir de ces sciences et d'essayer de

leur faire l'application de faits récemment expliqués et
de transformations nouvellement découvertes dans les
forces physiques.

I.

Quatre substances élémentaires *principales* composent
la matière organique du végétal. Permettez - moi ,
Messieurs, de revenir sur ces notions si universellement
connues ; ce sont *l'oxygène* , *l'hydrogène*, *le carbone* et
l'azote. Les trois premiers de ces corps donnent naissance
au *bois*, à *l'amidon*, au *sucre*, à *l'huile*, à la *cellulose*, etc.,
produits organiques que les chimistes appellent ternaires
à cause de leur composition par trois éléments.

Le végétal renferme, en outre, des produits azotés ou
quaternaires, c'est-à-dire composés des quatre éléments,
ce sont l'albumine , la fibrine, la caséïne, etc.

Ainsi, du bois, de l'amidon, du sucre, de l'albumine,
de la fibrine, de la caséïne,.... telles sont les parties
importantes du végétal au point de vue de la physiologie.
Ces substances, qui constituent le végétal, les trouve-t-il
toutes formées ? Non, ses feuilles, ses racines n'absorbent
ni amidon, ni bois, ni albumine, ni fibrine ; il ne ren-
contre aucun de ces produits autour de lui ; ce n'est pas
l'air qui les contient , et si le sol a reçu des engrais , la
matière organique y a été décomposée par la putréfaction.

Fait bien remarquable ! le végétal compose donc lui-
même la matière organique qui le constitue, et, puis-
qu'il la compose , ce doit être aux dépens des combinai-
sons minérales où figurent les quatre éléments que nous
avons nommés.

Le *carbone*, qui existe en si énorme quantité dans la
plante, qui forme son squelette, le bois, provient de

l'acide carbonique de l'air : Les végétaux, au moyen de leurs parties vertes, absorbent cet acide versé à chaque instant dans l'atmosphère par nos foyers , par nos machines à vapeur et surtout par la respiration incessante des innombrables animaux.

Que ne puis-je ici, Messieurs, m'arrêter un instant sur cet échange admirable entre le règne végétal et le règne animal , où éclate le merveilleux ordre établi par le Créateur dans la nature ! Empruntant l'oxygène à l'air, l'animal y rejette dans la respiration l'acide carbonique, gaz nuisible , même mortel pour lui ; la plante enlève cet acide, le décompose, fixe dans son intérieur le carbone et remet dans l'air l'oxygène si nécessaire à l'animal.

L'azote, qui entre dans la constitution de la fibrine, de l'albumine, de la caséine, quelques plantes le prennent directement à l'air ; mais la plupart pompent par leurs racines une combinaison azotée provenant soit du sol, soit des engrais.

L'oxygène et *l'hydrogène* entrent dans le végétal combinés ensemble et formant de l'eau , c'est dans l'humidité du sol ou dans la vapeur de l'atmosphère que la plante prend l'eau nécessaire à sa constitution ; cette eau s'unit ordinairement avec le carbone et l'azote pour créer les principes organiques végétaux. Mais il en est ou prédomine l'hydrogène, et qui n'ont pu prendre naissance que par suite de la décomposition de l'eau.

Cette décomposition de l'eau, comme la décomposition de l'acide carbonique, ne peut avoir lieu que si une quantité considérable de chaleur est employée, est absorbée, si on peut parler ainsi, par le végétal. Ce point, Messieurs , n'avait pas été compris par les physiologistes nos prédécesseurs ; ils savaient la lumière et la chaleur nécessaires à la plante, mais ils n'en entrevoyaient pas le rôle dans la formation des tissus organiques.

Pour vaincre l'affinité qui réunit si énergiquement les éléments de l'acide carbonique et les éléments de l'eau, le chimiste, s'il veut décomposer ces corps, doit employer une force énorme, une chaleur considérable. Le végétal n'agit pas autrement. Pour éliminer l'oxygène et fixer le carbone et l'hydrogène des substances minérales qu'il reçoit du milieu dans lequel il vit, ses seules forces ne suffisent pas, il appelle à son aide la lumière et la chaleur que le soleil répand tous les jours sur notre globe. C'est cette chaleur que nous voyons reparaître quand nous jetons un tronc d'arbre dans notre foyer.

Pour la transformation moléculaire de ce tronc, l'arbre avait décomposé de l'eau et de l'acide carbonique, et avait absorbé de la chaleur du soleil. Dans le foyer, l'acide carbonique et l'eau se reconstituent, s'échappent par la cheminée, et il se dégage cette chaleur bienfaisante que nous recevons en approchant de notre feu.

Ces immenses champs de colzas que nous rencontrons dans notre contrée ne peuvent créer le principe oléagineux qui les rend si précieux à l'industrie, que si, pendant longtemps, ils ont accumulé les rayons calorifiques et lumineux du soleil. Dans l'huile qui brûle dans nos appareils d'éclairage, l'acide carbonique et l'eau, que ces végétaux avaient décomposés, se reforment et la chaleur et la lumière absorbées renaissent de nouveau. C'est donc le soleil qui, dans nos lampes, nous éclaire, qui, dans nos foyers, nous réchauffe. Cette conclusion inattendue ne s'explique que parce que la lumière, la chaleur et le mouvement, ne sont que les différentes formes d'une même force ; ce sont ces transformations

dont nous allons maintenant poursuivre l'examen chez les animaux.

II.

Dans le règne animal, l'être vivant reçoit-il, comme le végétal, des substances minérales qu'il convertit à l'aide de la chaleur en principes organiques ? Non, Messieurs; vous le savez, la nature a fait dépendre de la plante la vie de l'animal. Sans le règne végétal l'animal est impossible. Partout où apparaît l'être animé, la plante l'a précédé. En effet, les substances qui constituent le corps de l'animal sont bien formées des mêmes éléments, ce sont les mêmes principes ternaires ou quaternaires que ceux du végétal ; mais, bien différent en cela de ce dernier, il ne forme pas ces principes, il les prend au règne végétal. Est-il herbivore ? il les lui prend directement ; Est-il carnivore ? c'est-à-dire se nourrit-il de la chair des herbivores ? c'est toujours la plante, mais médiatement, qui lui fournit ses aliments.

Ces matières organiques, tirées des végétaux qui pénètrent par la nutrition dans l'animal, que deviennent-elles ?

Les unes, comme l'amidon, le sucre, les graisses, sont incessamment combinées avec l'oxygène de l'air que fournit la respiration ; cette combinaison avec l'oxygène produit de l'eau et de l'acide carbonique qui, exhalés dans l'air, sont repris par les végétaux.

Les autres substances, les composés azotés, s'assimilent aux tissus, aux humeurs, contribuent chez les jeunes sujets à l'accroissement du corps et réparent, chez tous, les pertes que les mouvements de la vie occasionnent ; mais, en même temps, ils fournissent des matériaux que l'oxygène finit plus tard par attaquer, par brûler également ; bientôt alors rejetés sous forme d'urée ou d'ammoniaque, ils deviennent des engrais ; ils retournent au règne végétal qui les reconstitue et en fait de nouveaux aliments pour les êtres animés. Nouvel échange et admirable harmonie des deux règnes des êtres vivants que je ne puis que signaler ici en passant !

Mais cette combinaison avec l'oxygène, dans l'intérieur de l'animal, des matières alimentaires, est accompagnée d'un dégagement de chaleur ; c'est, en effet, une combustion semblable à celle de ce tronc d'arbre que nous avons tout-à-l'heure jeté dans notre foyer.

Lavoisier a parfaitement signalé ce fait, quand, en 1789, résumant toute la théorie de la chaleur animale, une de ses plus grandes découvertes, il disait : « La » respiration n'est qu'une combustion de carbone et » d'hydrogène, semblable en tout à celle qui s'opère » dans une lampe allumée ; dans la respiration, comme » dans la combustion, c'est l'air de l'atmosphère qui » fournit l'oxygène ; mais, comme dans la respiration, » c'est la substance de l'animal, c'est le sang qui fournit » le combustible ; si les animaux ne réparaient par les » aliments ce qu'ils perdent par la respiration, l'huile » manquerait bientôt à la lampe, et l'animal périrait » comme une lampe s'éteint lorsqu'elle manque de nour- » riture. »

III.

Les animaux possèdent donc en eux un appareil à combustion ; mais nous l'avons dit en commençant cette étude, le grand signe de l'animalité, c'est de se mouvoir spontanément.

Mouvement et combustion : pouvons-nous établir entre

ces deux ordres de faits un rapprochement ? dérivent-ils l'un de l'autre ? Un médecin allemand , M. Mayer , a découvert la relation entre la chaleur et la motilité, et nouveau Lavoisier, il a fait faire un progrès immense à la physiologie et à toutes les sciences physiques.

De même que l'oscillation d'un lustre dans une église fit découvrir à Galilée les lois du pendule, de même que la chûte d'une pomme révéla à Newton les mystères de la gravitation, ce fut une saignée faite à un fiévreux, à Java, en 1840, qui provoqua les travaux de M. Mayer ; il vit que le sang veineux, dans la région tropicale, est d'un rouge plus brillant que dans les régions froides. Cette simple remarque, faite par un homme de génie, donna naissance à l'admirable théorie de l'équivalence du travail et de la chaleur.

Examinons une machine à vapeur, où là aussi, comme dans le corps de l'animal , se trouvent produits *combustion* et *mouvement* ; supposons-la dans sa simplicité la plus grande : un foyer fournissant de la chaleur , de l'eau absorbant cette chaleur et se changeant en vapeur; enfin la vapeur soulevant un piston et se rendant ensuite dans un condensateur.

Dans ce foyer , la combustion est ardente ; l'eau bout dans la chaudière , la vapeur s'en échappe, notons sa température au moment où elle se précipite dans le corps de pompe pour soulever le piston : elle a, je suppose, 150° : le piston est soulevé, il accomplit un certain travail, il fait, par exemple, tourner un métier.

La vapeur a donc exercé un travail, mais du même coup, elle s'est refroidie, et si nous constatons sa température au moment où elle sort de l'appareil et se rend dans le condensateur, nous la trouvons plus basse qu'au commencement, elle n'est plus qu'à 100°.

Pour accomplir le travail, la vapeur a perdu une quantité notable de chaleur ; en un mot, une partie de la chaleur s'est changée en mouvement.

Ainsi, la combustion, c'est-à-dire les réactions chimiques qui se passent dans le foyer de la machine, ont produit une chaleur dont une partie, accumulée dans la vapeur, s'est ensuite transformée en travail mécanique.

Une combustion quelconque, comme celle de ce foyer, dégage donc non-seulement de la chaleur, mais une force qui peut se manifester de deux manières, sous forme de chaleur et sous forme de travail.

Une ancienne expérience de Rumfort, oubliée longtemps, rappelée dernièrement par M. Charles Laboulaye, montre d'une manière saisissante le même phénomène. Il expérimentait un canon de fusil dans lequel il introduisait toujours la même charge de poudre ; tantôt il n'y mettait pas de balles, tantôt il y plaçait une, deux, trois, même quatre balles, les unes sur les autres :

« J'étais dans l'habitude, dit-il, de saisir avec la main
» gauche le canon aussitôt après chaque décharge, pour
» le tenir, pendant que je l'essuyais en dedans avec
» une baguette garnie d'étoupes, et j'étais fort surpris
» de trouver que le canon était plus échauffé par l'ex-
» plosion d'une charge de poudre donnée, quand il n'y
» avait point de balle devant la poudre, que quand une
» ou plusieurs balles étaient chassées par la charge....»

Quoi de plus convaincant que cette expérience dans laquelle une certaine quantité de chaleur disparaît en même temps qu'un travail est produit, et dans laquelle cette corrélation est assez manifeste pour être perçue par la main ?

Cette transformation de la chaleur en travail est maintenant admise par tous les physiciens ; la transformation inverse même, ce travail changé en chaleur, s'observe à chaque instant ; un bâton est-il frotté, il s'échauffe ; une roue à palettes tourne-t-elle dans un réservoir, la température de l'eau s'élève. Bien plus, dans ces transformations, il y a toujours un rapport constant entre la quantité de chaleur et la quantité de travail ; ce rapport a été cherché et établi numériquement (1).

« Partout où il y a frottement vaincu, dit M. John » Tyndall (traduction de M. Moigno), il y a chaleur » produite, et cette chaleur est la mesure de la force » dépensée à vaincre le frottement. La chaleur est sim- » plement la force primitive sous une autre forme, et » pour éviter cette transformation, il faudrait anéantir » le frottement ; c'est dans ce but que nous mettons ha- » bituellement de l'huile sur la pierre à aiguiser, que » nous graissons nos scies, et que nous avons grand » soin de lubrifier les essieux de nos voitures.

» . . . . Le devoir du mécanicien, sur un che- » min de fer, est de faire marcher son train d'un lieu à » l'autre, de Londres à Édimbourg ou de Londres à » Oxford, suivant l'occasion. Son désir est d'appliquer » à ce but particulier la force de la vapeur ou du foyer » qui donne à la vapeur sa tension. Il n'est pas de son » intérêt de laisser une partie de cette force se convertir » en un autre genre de force qui ne lui servirait pas à » atteindre ce but. Il n'a nulle envie que ses essieux » s'échauffent, et pour cela il évite, autant que possible, » de dépenser sa force à les échauffer. De fait il a obtenu » sa force de la chaleur, et il ne s'agit nullement pour

(1) *Annales du Conservatoire*, tome 1, page 74.
Selon M. Soule, une calorie équivaut à 423,5 kilogrammètres, d'après la méthode de Mayer une calorie 423,5 —

» lui de ramener sa force à l'état de chaleur. Car à cha-
» que degré de chaleur engendrée par le frottement de
» ses essieux, correspondrait une perte déterminée et
» équivalente de la force mécanique qui doit entraîner le
« convoi. Il n'y a pas de perte absolue de force. Si nous
» pouvions recueillir toute la chaleur engendrée par le
» frottement et la transformer sans perte en force méca-
» nique, nous serions en état de communiquer au train
» la somme précise de vitesse qu'il a perdue par le frot-
» tement. Ainsi chacun de ces employés de chemins
» de fer, que vous voyez s'avancer avec leur pot de
» graisse jaune, et ouvrir les petites boîtes qui entou-
» rent les essieux des wagons, démontre expérimenta-
» lement, sans s'en douter, le principe qui constitue le
» lien d'union des phénomènes de la nature ; il affirme,
» à son insu, et la convertibilité et l'indestructibilité de
» la force : il démontre pratiquement que l'énergie mé-
» canique peut être convertie en chaleur, et que lors-
» qu'elle est ainsi convertie, elle n'existe plus comme
» puissance mécanique, car pour chaque degré de cha-
» leur développée, un équivalent rigoureusement pro-
» portionnel de *la force locomotive* de la machine dis-
» paraît. »

Il est remarquable que ce soit un médecin qui ait été
amené à trouver les bases de cette théorie en réfléchis-
sant au jeu de la vie ; et, en effet, Messieurs, si les êtres
vivants échappent, dans tout ce qui touche à l'action
nerveuse, aux lois ordinaires de la physique et de la
chimie, ils y sont, au contraire, soumis en ce qui con-
cerne leur organisme.

Dans l'animal, l'oxygène appelé dans l'organe respi-
ratoire se fixe sur les globules du sang, et ces cellules
vivantes se transportent dans toutes les parties du corps,

pour y brûler, à des degrés divers, tous les principes alimentaires tirés du règne végétal. Cette étonnante combustion intérieure est la source des mouvements et de la chaleur animale, comme le foyer de notre machine à vapeur développe et de la chaleur et du travail. M. Hirn, médecin allemand, et M. le professeur Béclard, de la faculté de Paris, ont mesuré la quantité de chaleur transformée ainsi en mouvement (1).

Chez l'animal à sang chaud, chez l'oiseau, par exemple, dont la respiration si énergique consomme tant d'oxygène, la combustion fournit une chaleur qui maintient constamment la même température du corps, et produit ces mouvements si variés et si rapides qui nous surprennent.

Chez les animaux à sang froid, tels que le poisson, le reptile, l'insecte, dont la respiration est moins énergique, la température du corps n'est que d'un ou deux degrés au-dessus de celle du milieu qu'ils habitent, et c'est principalement sous forme de mouvement qu'apparaît la force que produit la combustion qui se passe dans l'intimité de leurs organes.

IV.

Cette force qui se révèle par du mouvement et de la chaleur chez l'animal, cette force que nos machines transforment en travail mécanique, d'où vient-elle ? du soleil, le grand vivificateur de tout ce qui existe sur la terre.

C'est lui dont les rayons calorifiques et lumineux permettent à la plante de créer ces substances organi-

---

(1) J. Béclard, De la contraction musculaire dans ses rapports avec la température animale, Arch. gén. de méd., 1861.

ques, aliments des êtres vivants, ou combustibles de l'industrie.

Que les rayons du soleil tombent sur une plage de sable aride, le sable s'échauffe et il renvoye bientôt par rayonnement toute la chaleur qu'il reçoit ; mais que ces rayons tombent sur des herbes, sur des plantes, sur une forêt, ces végétaux absorbent, s'approprient une partie de leur chaleur, l'employent à la création de leurs tissus, et de leurs organes où le règne animal trouvera les substances nécessaires à sa nutrition, et d'où l'industrie tirera ses matières combustibles.

« Ce ne sont pas, disait Stéphenson, en voyant avancer
» un convoi à toute vitesse, ce ne sont pas ces puis-
» santes locomotives dirigées par nos habiles mécani-
» ciens qui font marcher ce convoi, c'est la lumière du
» soleil qui, il y a des myriades d'années, a dégagé le
» carbone de l'acide carbonique, pour le fixer dans des
» plantes qu'une révolution du globe a ensuite modifiées
» en houille. »

Ajoutons : c'est le soleil qui donne la motilité aux animaux, c'est sa chaleur que la plante immobile met lentement en réserve pour les animaux qui la consomment en mouvement et en chaleur animale.

Nous savions déjà que le végétal était nécessaire à notre nutrition, en nous fournissant des aliments, à notre respiration, en détruisant le gaz délétère de l'atmosphère et le remplaçant par l'oxygène bienfaisant : nouvelle harmonie entre ces deux règnes de la nature, l'immobilité de la plante accumule de la chaleur que l'animal fait renaître ou transforme en mouvement.

Amiens. — Imprimerie de E. YVERT, rue des Trois-Cailloux, 64.